SALON 1905

SECTION D'ARCHITECTURE

PROJET

DE

Grand Magasin

de

Nouveautés à Paris

Présenté par MM.

Léon LÉGER (S. N. O) et Diogène GOURDAIN (S. A. D. G.)

Architectes

120, Boulevard de la Chapelle et 62, rue de la Chaussée-d'Antin, PARIS

PROJET

DE

Grand Magasin de Nouveautés à Paris

Titre 1. — Exposé

L'extension considérable que prennent chaque jour les grands magasins de nouveautés, et l'ensemble des nécessités qu'imposent aux architectes les besoins de la vie moderne dans ce genre de constructions — formant de véritables monuments destinés à un usage spécial — ont conduit les auteurs du projet à faire une étude approfondie de la question, tant au point de vue décoratif, qu'au point de vue commercial, primordial en la circonstance.

Après avoir réuni les renseignements nécessaires à l'élaboration de leur projet, puis s'être entourés des conseils éclairés de l'expérience de plusieurs grands commerçants de Paris, dont la compétence particulière ne saurait être discutée, les auteurs ont choisi

SALON 1905

SECTION D'ARCHITECTURE

PROJET

DE

Grand Magasin

de

Nouveautés à Paris

Présenté par MM.

Léon LÉGER (S. N.) et Diogène GOURDAIN (S. A. D. G.)

Architectes

120, Boulevard de la Chapelle et 62, rue de la Chaussée-d'Antin, PARIS

un emplacement en plein centre de la ville, à proximité
de toutes sortes de moyens de communication avec
celle-ci, ainsi que d'un magasin déjà existant, lequel
serait susceptible de devenir une annexe de leur
étude, par la communication possible des sous-sols
à l'aide d'un passage souterrain.

Ils ont également mis à profit les enseignements
recueillis par eux-mêmes durant plus de trois années
d'un labeur incessant pendant lequel ils ont partagé
et favorisé la vie intense d'un grand magasin de Paris,
dont le développement récent exigeait une activité
toute spéciale et ont ainsi pu grouper, pour les appro-
prier à leur étude, l'ensemble des besoins généraux
ou particuliers capables de satisfaire aux multiples
exigences d'un monument de l'importance de celui
qu'ils désiraient présenter aujourd'hui.

Titre II. — Programme

I. — DISPOSITIONS GÉNÉRALES ET PARTICULIÈRES

La construction à édifier devra tenir compte, dans le maximum prévu par le décret du 13 août 1902, des règlements de voirie, de même que des ordonnances de ville ou de police applicables aux bâtiments élevés dans Paris.

Elle comprendra :

1^{0} **Un troisième sous-sol** existant sur une partie de l'édifice seulement et contenant :

Le chauffage général par la vapeur, à très basse pression, de l'ensemble des bâtiments,

Un dépôt de charbon,

Les caves au nombre de quatre : 1^{0} vins ordinaires ; 2^{0} vins fins ; 3^{0} bières ; 4^{0} eaux minérales, pouvant composer la provision nécessaire à l'alimentation des cuisines et salles à manger du personnel, nourri par le magasin,

Un monte-charges, placé à proximité desservirait, avec un large escalier de service, cette partie de l'édifice réservée à des besoins spéciaux.

2° Un deuxième sous-sol contenant :

Une partie des services généraux du magasin se décomposant ainsi qu'il suit :

Réception des marchandises,

Salle des courses et des numéros de caisse,

Vestiaire des garçons de magasin,

Batteries de filtres pour les eaux potables devant être utilisées dans les cuisines et les salles à manger,

Cabine de l'électricien commandant à toutes les parties de l'édifice. Dans cette cabine seront placés les moteurs électriques devant actionner le mécanisme des fermetures du magasin et dont tous les mouvements seront commandés en même temps par un arbre de transmission passant sous le plancher-bas du premier sous-sol le long des façades et assurant, d'une seule manœuvre l'ouverture et la fermeture de toutes les devantures à la fois.

A ce sujet, l'horaire adopté par les magasins qui n'ouvrent leurs portes qu'à 8 heures du matin et les ferment régulièrement, en toute saison, à 7 heures du soir et ne sont, par conséquent jamais ouverts la nuit, ne nécessite pas la prévision d'une installation d'usine fournissant l'énergie indispensable au fonctionnement des appareils mécaniques ou de lumière électrique. Les secteurs voisins, Edison ou Clichy, assurant *plus économiquement*, avec le réseau d'air comprimé, la force motrice nécessaire aux ascenseurs, monte-charges, moteurs divers, tapis et escaliers roulants, ainsi que l'éclairage, il n'y a donc pas lieu de ménager une place spéciale à cet usage.

Service des Rendus-Paris,

Service du Portefeuille,

Caisse-Paris,

Réserves des rayons en partie placées en deuxième sous-sol et au nombre de vingt-cinq environ pour celui-ci,

Une voie ferrée passant dans les galeries de dégagement mettra en communication les réserves avec la réception des marchandises,

Cartonnages en dépôt,

Ateliers des ouvriers employés constamment au menu entretien et au nombre de trois pour peintres, menuisiers et serruriers,

Le service central des caisses relié à chaque rayon de vente par un réseau pneumatique d'arrivée et de départ évitant ainsi l'encombrement dans le magasin; les pompes à air du dit service pneumatique,

Le service des réclamations.

Ces deux derniers services seront placés à proximité de l'entrée du passage souterrain destiné à relier les bâtiments formant l'objet du projet avec ceux existant de l'autre côté de la voie de droite et le public devra y être admis, mais le reste du deuxième sous-sol sera réservé au personnel et desservi par les procédés dont il sera parlé plus loin ainsi que par de larges galeries.

3° Un premier sous-sol, rez-de-chaussée et quatre étages au-dessus composeront le magasin proprement dit; lequel devra former un immense vaisseau divisé en plusieurs halls par de larges galeries transversales permettant l'accès facile à chacun des rayons de vente.

Abondamment éclairés et aérés par les façades et par des combles vitrés au-dessus des halls, les étages devront êtres reliés entre eux par de vastes et spacieux escaliers à doubles emmarchements, placés de telle façon qu'ils ne gênent en rien la circulation et la vue du magasin tout en restant très apparents et desservant, autant que possible, chacune des galeries transversales.

La clientèle devra pouvoir y monter et descendre

sans la moindre fatigue et comme en se promenant.

Un escalier spécial, remplissant les conditions d'accès et de montée des précédents devra desservir, tout près de l'entrée principale, les deux sous-sols et le premier étage, tandis que les autres monteront du fond au sommet de l'édifice.

Un escalier roulant assurera l'accès particulier des premier et deuxième étages pour la clientèle ne voulant pas se servir des escaliers ordinaires ou des ascenseurs.

De grands ascenseurs, à montée rapide, seront placés à proximité de chacune des entrées et en nombre suffisant. Ils relieront entre eux les étages par les galeries des façades.

Un grand escalier de service assurera le va-et-vient du personnel et de la manutention du magasin.

Le réseau pneumatique, draînant les factures au service des caisses en deuxième sous-sol et les retournant acquittées avec la monnaie devant être rendue à la cliente, assurera, pour chaque rayon, par deux tubes tout simplement, aller et retour, le paiement des marchandises en l'espace de quelques secondes, sans aucun dérangement ni attente de la clientèle aux caisses disséminées ordinairement dans le magasin. De ce fait, leur encombrement sera évité et leur place occupée par la vente qui, seule, devra avoir lieu dans le magasin projeté.

Des monte-charges permettront d'emmagasiner les marchandises venant de l'extérieur, en pourvoir les réserves, débarrasser les rayons et le service-province de celles vendues ou à expédier. Ils devront être en nombre suffisant et se compléter par :

Des coulisses en spirale et une dragueuse montante et descendante, déposant successivement sur un tapis roulant placé sous le plancher-bas du premier sous-sol, les paquets qui seront, par ce dernier, conduits à la salle des courses, où, déversés sur une table tournante, ils pourront être facilement classés dans les casiers à proximité au fur et à mesure de leur arrivée et suivant les numéros de caisse dont ils seront estampillés. Tout cela devra compléter l'ensemble de la partie mécanique essentielle à la vie intense du magasin.

Les paquets destinés à la province ou l'étranger devront être dirigés par le monte-charges à l'emballage pour être ensuite classés par sections suivant les diverses lignes de chemins de fer qu'ils devront prendre. Ce service est spécial aux commandes parvenues par correspondance.

Les marchandises achetées au magasin, mais destinées à la province, suivront une autre voie, et, par l'intermédiaire de la caisse Paris-Province qui devra être placée au premier étage, devront être directement chargées à l'extérieur sur les voitures d'expéditions.

Au deuxième étage, une grande cabine téléphonique assurera le service spécial du magasin.

Au troisième étage, un buffet pour la clientèle.

Au quatrième étage, un salon de lecture et de conversation réservé spécialement aux dames avec cabine téléphonique à leur usage.

Egalement au quatrième étage, une salle bibliothèque réservée spécialement aux messieurs avec cabine téléphonique à leur usage. Ces deux dernières salles ne communiqueront pas entre elles.

Les portes d'entrée seront en nombre restreint à cause du service et de la police qu'elles suscitent. Trois suffiront largement pour assurer l'accès et la sortie du magasin.

L'une d'elles sera principale et sa décoration devra

attirer l'attention d'une façon toute spéciale. C'est par elle que devra surtout se faire l'entrée dans le magasin, et le pan coupé sur l'angle est seul susceptible de la motiver, mais elle ne devra pas être surmontée d'un dôme seulement décoratif, ainsi qu'il en existe à tous les carrefours et qui serait, dans le cas spécial du projet, sans la moindre utilité dans la construction

Une entrée secondaire devra être placée à peu près au milieu du magasin. Ces deux entrées seront de plain-pied avec le trottoir extérieur, sans seuil ni marche quelconque empêchant l'accès facile ou causant des accidents aux clientes encombrées ou distraites.

A l'autre extrémité du magasin pourra être réservée une troisième entrée, mais formant vestibule en quelque sorte et permettant l'attente de leur maîtresse par les domestiques placés ainsi à l'abri des intempéries extérieures. Il n'est pas nécessaire, pour cette porte destinée surtout à la sortie, qu'elle soit également de plain-pied avec le trottoir si les exigences du sol rendent cette condition difficile.

Enfin, latéralement et aussi cachée que possible aux yeux de la clientèle, devra se trouver l'entrée de service pour le personnel et les marchandises.

La ventilation des sous-sols pourra être largement obtenue par les châssis placés dans le soubassement des étalages et les escaliers montant de fond devront former de véritables cheminées de ventilation.

Des water-closets et lavabos prenant jour et air sur des courettes montant de fond et complétant la ventilation des étages inférieurs devront être ménagés en nombre suffisant pour la clientèle et le personnel.

Des vestiaires à chaque étage destinés au personnel.

Des postes de secours contre l'incendie devront être placés de distance en distance pour assurer l'arrêt, aussi prompt que possible, d'un sinistre pouvant se produire.

L'emploi des dalles-marines au sol du rez-de-chaussée devra être énergiquement rejeté à cause de l'appréhension et de la crainte reconnues que la clientèle éprouve à circuler sur ces surfaces.

Le sol du rez-de-chaussée devant affleurer le trottoir, l'éclairage des sous-sols devra être obtenu surtout artificiellement.

Les diverses canalisations pour l'eau, le chauffage, l'éclairage électrique, le réseau pneumatique, l'incendie, etc., seront aussi cachées que possible aux yeux de la clientèle mais leurs accès seront facilités pour les réparations par les ouvriers de la maison, en leur évitant l'emploi et le transport d'échelles au travers du magasin ainsi que le dérangement de l'agencement. Elles pourront donc être placées dans les passages en contre-bas des parquets, dans des caniveaux réservés spécialement à cet usage.

Les éléments de chauffage à ailettes, radiateurs ou autres constituant un encombrement et une gêne inévitables pour l'installation intérieure, ces appareils devront être, de même, placés dans des caniveaux en contre-bas des sols et dans les passages.

4° **Un cinquième étage**, contenant la suite des *services généraux* qui comprendront :

Le service d'emballage et d'expéditions,

Service de province,

Grand bureau pour les chefs de service à proximité des précédents,

De même à proximité, les réserves des paquets

devant être expédiés par les diverses gares de chemins de fer,

Vestiaire pour le personnel ainsi que des water-closets et lavabos comme aux étages précédents,

Salons d'achats au nombre de huit à dix au maximum et dans lesquels la marchandise devra être soumise aux chefs de rayon, qui reçoivent à jours et heures fixes, ce qui leur permet de se succéder dans un même salon sans qu'il soit nécessaire d'en prévoir autant que de rayons dans le magasin,

Atelier de confections,

Manutention et réserve de confections.

Pointage ou contrôle comprenant :

Bureau du chef et de son secrétaire,

Bureau pour de nombreux employés,

Une salle des archives.

Service de la *caisse et de la comptabilité* comprenant :

Bureau spécial pour le caissier principal et ses secrétaires,

Caisse-paiements avec guichets séparés pour les échanges, le personnel, etc.,

Une salle d'attente pour les fournisseurs, entrepreneurs, etc.,

Service des titres, paiement des coupons,

Bureau de la comptabilité générale pour de nombreux employés,

Vestiaire du personnel de ce service,

Chambre de gardien spécial.

L'administration générale comprenant :

Grande salle de réunion pour le conseil d'administration,

Salle de moindre importance pour les administrateurs commerciaux,

Vestiaires et toilettes, dépendances de ces deux salles,

Bureau spécial des directeurs,

Bureau des secrétaires à proximité du précédent,

Salle de dépouillement de la correspondance,

Salle pour le catalogue et le dépôt des clichés,

Postes d'incendie comme aux autres étages.

5° Un sixième étage, contenant

Le service des cuisines et des annexes, comprenant :

Économat,

Dépôts et boucherie, légumes secs et légumes verts, pommes de terre,

Sommelleries — une pour les dames, l'autre pour les messieurs — destinées à la distribution des boissons aux employés avant leur entrée dans les salles à manger,

Bureau de l'économe à proximité de la cuisine et des salles à manger,

Réfectoires pour le personnel, dames et messieurs,

Communiquant avec ceux-ci, un réfectoire des inspecteurs, lequel pourra en quelque sorte faire partie des précédents,

Une salle à manger particulière des chefs de rayons et intéressés du magasin, pouvant être divisée,

Des postes d'eau filtrée et des corbeilles à pain seront adaptés contre les parois des réfectoires ou salles à manger particulières,

Des glacières permettront le rafraîchissement des boissons et de l'eau pendant les chaleurs,

Une voie ferrée semblable à celle placée au deuxième sous-sol et sur laquelle circulera un chariot, permettra la communication de la cuisine aux diverses salles à manger et le service rapide des repas se succédant d'heure en heure,

Water-closets et lavabos séparés et en nombre suffisant,

Quelques réserves pour les rayons de l'étage supérieur du magasin,

Un grand atelier de couture pour les confections ou les rectifications demandées par la clientèle,

Un atelier pour la lingerie de la maison avec dépôt pour le linge sale,

Un atelier pour le tailleur s'occupant spécialement des uniformes d'une partie du personnel,

Un poste général de pompiers,

Un cabinet de consultation pour le médecin attaché à l'établissement, avec une salle d'attente pour les malades,

Des postes d'incendie comme aux autres étages,

Quelques chambres de garçons de magasin chargés spécialement de diverses missions pour le magasin,

Agence des travaux,

Cabinet particulier de l'architecte.

L'accès entre les différents services, quels qu'ils soient, devra être facile de l'un à l'autre pour permettre une rapide surveillance de jour ou de nuit.

6° **Sur les combles**: Des galeries au sommet, assureront à la fois l'entretien et le service de secours en cas de sinistre.

D'importants postes d'incendie placés dans les combles et facilement accessibles devront assurer le grand secours. Leur nombre devra être au moins égal à celui des halls. Ces postes pourront être placés dans les dômes des bows-windows, s'il en existe.

7° **Les eaux pluviales et ménagères** seront, par les conduites de descente, déversées dans une canalisation en deuxième sous-sol, et, ensuite, évacuées

dans les égouts publics des voies adjacentes du magasin projeté.

8° **La disposition des services généraux et spéciaux,** leur contiguïté ou leur éloignement, leurs surfaces respectives, etc., feront l'objet d'études très
approfondies en raison des besoins commerciaux des-
quels les auteurs devront tenir le plus grand compte
dans l'élaboration d'un projet de ce genre.

II. DÉCORATION DE L'ÉDIFICE

Au point de vue spécial de la décoration extérieure, les auteurs ont cru devoir rejeter, pour la logique de leur composition :

1⁰ Un parti mixte nécessitant la mise en œuvre de matériaux de natures très diverses ;

2⁰ L'emploi exclusif du fer, qui paraîtrait s'imposer dans les édifices de ce genre, mais dont la maigreur décorative, les arêtes vives ou rugueuses, l'aspect glacial et rébarbatif, leur a semblé avoir une place tout indiquée dans les constructions industrielles et non dans la structure d'un édifice réservé à un commerce particulièrement agréable pour lequel l'un des principaux éléments de réussite est l'attrait offert à la clientèle.

En outre, la dilatation continue du métal, inégalement soumis aux influences atmosphériques, la monotonie des rivets obligatoires, le combat incessant à livrer contre l'oxydation envahissante et invincible, la surveillance constante des assemblages et boulonnages constituaient autant de raisons militant contre son emploi.

Par suite, ils ont été conduits à adopter, le principe d'une construction tout en pierre, paraissant leur offrir, plus que toute autre, l'aspect de confortable de durée et de richesse nécessaires que réclamait leur étude pour inspirer la confiance indispensable aux passants appelés journellement à pénétrer dans le magasin projeté.

Ils ont donc poursuivi cette idée, augmenté les surfaces d'éclairage dans la plus large mesure en réduisant à leur minimum les points d'appuis, appliqué les règlements de voirie pour la marquise vitrée, les saillies du gros œuvre, la ligne des vingt mètres et le rayon autorisé, la complétant au-dessus ; se sont pliés à tous les désirs et à toutes les exigences du goût moderne, sans vouloir l'exagération dans la conception, ni l'abandon dans l'idée, et, ils ont essayé de réaliser, une composition ne rappelant aucun édifice de ce genre, d'un aspect luxueux, sans lucre, avec quelques applications de marbre et de fer forgé poli, combinés avec le cuivre et le bronze, seulement dans les remplissages des grandes ouvertures ; très peu de dorures, sans aucun emploi de mosaïque ni de clinquant que les pluies dégradent et que les poussières souillent ; mais le ferme désir de faire comprendre à l'acheteur ou au visiteur la destination de l'édifice en lui imprimant un caractère monumental.

Tant qu'à la décoration intérieure elle ne pouvait être obtenue que par les motifs d'éclairage et les points d'appuis, colonnes ou poteaux verticaux, en fers composés, à chaque angle des halls dont la décoration se raccordant avec celle des colonnes pourrait être formée avec des recouvrements de stuc.

Les plafonds lumineux en verres émaillés décorés de frises ou sujets allégoriques composeront, avec la corniche, les balustrades en fer forgé, les consoles, etc., l'ensemble décoratif des halls.

Celle du magasin en général, se complétera de la frise courante à la partie supérieure des murs et aussi de celle des plafonds des divers étages pour former avec l'agencement lui-même et les approvisionnements des rayons aux couleurs chatoyantes, un ensemble harmonieux et caractéristique de l'importance et de la richesse du magasin dont les auteurs viennent d'indiquer les idées directrices ayant présidé à l'élaboration du projet qu'ils signent.

A Paris, le 5 avril 1905.

Léon LÉGER et Diogène GOURDAIN
Architectes
120, Boulevard de la Chapelle
et 62, rue de la Chaussée-d'Antin, à Paris.

LAVAL. — IMPRIMERIE L. BARNÉOUD & Cie.